AF388871

# SOCIÉTÉ D'AGRICULTURE ET DE COMMERCE DE CAEN.

# ESSAIS

SUR

## L'INFLUENCE DE DIVERSES SUBSTANCES SALINES

SUR LE RENDEMENT DU SAINFOIN,

PAR

## J. ISIDORE PIERRE,

PROFESSEUR DE CHIMIE A LA FACULTÉ DES SCIENCES DE CAEN.

(Note lue à la Société dans la séance du 21 décembre 1849.)

On a déjà fait beaucoup d'essais pour augmenter le rendement des prairies naturelles ou artificielles au moyen de substances salines diverses.

Ainsi, nous savons tous que l'usage du plâtre est déjà fort anciennement connu, et son influence paraît s'exercer plus particulièrement sur les plantes légumineuses d'une manière avantageuse.

Plus récemment, plusieurs agronomes distingués, parmi lesquels nous pouvons citer M. Kuhlmann et M. Schattenmann, ont publié les résultats de quelques essais faits avec d'autres substances salines, mais leurs essais ont été faits le plus ordinairement sur des prairies naturelles.

Quels que soient les résultats de pareils essais, il n'en serait pas moins utile d'en répéter de semblables dans d'autres conditions de climat, dans d'autres natures de terrain, parce que tel essai peut donner d'excellents résultats dans le département du Nord ou dans celui des Ardennes, et constituer en perte un cultivateur de tel ou tel autre département.

D'un autre côté, à parité de circonstances, il peut fort bien arriver qu'une prairie artificielle ne s'accommode pas d'un engrais spécial qui produirait de bons résultats sur une prairie naturelle.

Enfin, comme la nature des herbes qui constituent une prairie naturelle peut varier notablement d'un pré à un autre pré, les effets d'un engrais donné peuvent être très-avantageux pour quelques-unes des plantes qui composent cette prairie, et moins efficaces sur d'autres, ou même tout-à-fait désavantageux.

L'action d'une substance quelconque employée comme engrais sur une prairie naturelle, doit donc être considérée comme la résultante des actions partielles de cette substance sur chacune des plantes qui composent cette prairie, et pour pouvoir tirer d'expériences faites dans de pareilles conditions toute l'utilité possible, il me paraîtrait nécessaire de pouvoir se rendre compte de chacun de ces effets partiels, ce qui, dans l'état actuel des sciences agricoles, offrirait d'assez grandes difficultés.

Les prairies artificielles, à raison de la simplicité de leur composition, se prêtent beaucoup mieux à ces sortes d'essais ; c'est ce qui m'a conduit à les choisir plus spécialement pour objet de mes expériences.

Les quelques essais dont je vais présenter les résultats ont porté exclusivement sur le *sainfoin*, sur la variété vulgairement désignée sous le nom de *grande graine* ou de *sainfoin à deux coupes*.

Le champ dans lequel ont été faites les expériences est situé à droite de la route de Caen à Bayeux, à 200 mètres environ du Calvaire de la Maladrerie; il appartient à M. Lucet, appariteur de la Faculté des Sciences, qui s'est prêté avec empressement à toutes les petites exigences que nécessitent de pareilles expériences, *et en qui j'ai trouvé un auxiliaire utile et intelligent.*

La contenance de ce champ s'élève à un hectare environ.

Le sainfoin était à sa seconde année de récolte, et nous a paru dans de bonnes conditions sous le rapport de la régularité de sa végétation.

Voici l'état des cultures du champ pendant les trois années qui ont précédé sa mise en prairie artificielle :

*Année* 1845.— *Colza*, fumé avec du fumier de ferme mêlé, à raison de 41 mètres cubes par hectare, fumure dont la valeur peut être fixée ici à environ 160 fr.

*Année* 1846.—*Blé chicot*, non fumé.

*Année* 1847.— *Gros blé*, avec bonne demi-fumure.

C'est dans ce dernier blé qu'a été semé le sainfoin.

Les essais ont été faits, chacun, sur une étendue de 75 centiares.

Chaque parcelle d'essai avait trois mètres de largeur sur 25 mètres de longueur.

Les parcelles sur lesquels les essais devaient être faits avaient été désignées et numérotées avant de se rendre sur le terrain, de manière que les circonstances particulières dans lesquelles ont pu se trouver quelques-unes d'entre elles sont purement accidentelles et fortuites. Nous avons eu grand soin, du reste, d'en prendre note sur place, et l'on verra sur le tableau général de nos résultats, que nous n'avons pas eu l'occasion de signaler des différences importantes.

Les substances salines que nous avons employées dans ces essais sont les suivantes :

1° Carbonate de soude.

2° Carbonate de potasse.

3° Sulfate de soude.

4° Nitrate de potasse.

5° Sulfate de potasse.

6° Sel ammoniac.

7° Nitrate d'ammoniaque.

8° Sel marin.

9° Plâtre cuit, seul.

10° Plâtre cuit et sel à diverses doses.

11° Plâtre cru, seul.

12° Plâtre cru et sel à diverses doses.

Toutes ces substances ont été employées le même jour 10 avril 1849.

Elles ont été répandues à la volée.

Comme l'épandage en eût été difficile, à cause de la petite quantité de matière, dans la plupart des cas, si celle-ci eût été répandue seule, on mélangeait la substance saline, préalablement pulvérisée, avec une quantité de sable suffisante pour qu'on pût passer *quatre fois* sur la même parcelle, pour y semer ce qui devait y être répandu.

Il est évident qu'au lieu de sable on pourrait tout aussi bien, et plus économiquement, employer de la terre prise dans le champ lui même.

Comme les circonstances atmosphériques dans lesquelles ont été faits nos essais peuvent avoir exercé une influence notable sur les résultats, nous devons insister sur ce fait, qu'il a plu le lendemain (11 avril) du jour où nous avons répandu sur le sainfoin nos substances salines.

La fin du mois d'avril et le commencement de mai ont été assez pluvieux à Caen, cette année, et cette circonstance peut ne pas avoir été sans influence sur les résultats que nous avons obtenus.

On trouvera, dans le tableau qui va suivre, le relevé des observations faites, sur place, par les personnes qui ont vu les récoltes sur pied. Les opinions relatives à ces observations ont été unanimes, ou du moins, nous n'avons consigné ici que les observations sur lesquelles les sentiments n'ont pas été différents.

La récolte entière de chaque parcelle a été pesée :

1° Immédiatement après le fauchage;

2° Fanée et sèche.

Les parcelles intermédiaires (1) dont la ré-

(1) Pour qu'on pût apprécier plus facilement, à simple vue, les effets produits sous l'influence des diverses matières que nous avions employées, nous avions géné-

colte a été pesée n'ont pas été choisies sur place ; elles ont été choisies *au hasard , sur le cahier d'expériences* , avant qu'on ne se rendît sur le terrain.

On ne s'est laissé guider, dans le choix qui en a été fait, que par les avantages d'une répartition qui plaçât chacune de ces parcelles le plus près possible de celles dans lesquelles on avait répandu des substances salines, afin que la comparaison de leurs rendements respectifs pût se faire dans de meilleures conditions.

Il est presque inutile de dire que le fauchage de chaque parcelle s'est toujours fait en notre présence et que nous avions soin d'en fixer les limites , avec toute l'exactitude possible, pendant l'opération, au moyen de cordes tendues que le faucheur ne devait pas dépasser.

Sous ce rapport, nous arrivions à plus de précision que je ne l'aurais cru avant d'en faire l'épreuve.

Les indications numériques fournies par le tableau synoptique des résultats de ces expériences pourront nous dispenser, je crois, de toute autre explication.

ralement alterné les parcelles d'essai avec d'autres, sur lesquelles nous n'avions rien répandu ; ce sont ces der-nières que je désigne sous le nom de parcelles intermédiaires.

Nous avons eu le bonheur d'être assez favo-
risés par les derniers jours du mois d'octobre.
pour pouvoir procéder à la coupe du regain
qui forme ici une petite troisième coupe, et qui
nous a offert des résultats assez remarquables,
que l'on trouvera consignés à la suite de ceux
qui se rapportent aux deux premières coupes.

J'ai pensé qu'un tableau figuratif de la dis-
position de nos parcelles, faciliterait l'intelli-
gence des résultats, et pourrait donner lieu,
peut-être, à quelques éléments d'utiles discus-
sions sur leur valeur et sur leur signification,

Voir le tableau n° 1.

Les parcelles marquées du signe * sont les
seules dans lesquelles on a répandu des substances salines.

Pour qu'une discussion contradictoire sé-
rieuse puisse s'établir sur les résultats ins-
crits dans le tableau n° 2 ; pour qu'on ne
considère pas ce dernier comme une sorte
de fantasmagorie de chiffres propres à grossir
ou à dénaturer les résultats réels, j'ai cru
qu'il était indispensable de citer textuellement
les données numériques qui m'ont servi dans
mes évaluations, données dont quelques-unes
sont susceptibles de variations.

1° J'ai admis, pour les prix des substances
salines employées, les chiffres suivants :

44 45 46 47 48
32 33 34 35 36 37 38 39 40 41 42 43
23 24 25 26 27 28 29 30 31
12 13 14 15 16 17 18 19 20 21 22
1 2 3 4 5 6 7 8 9 10 11
Route de Bayeux à Caen.

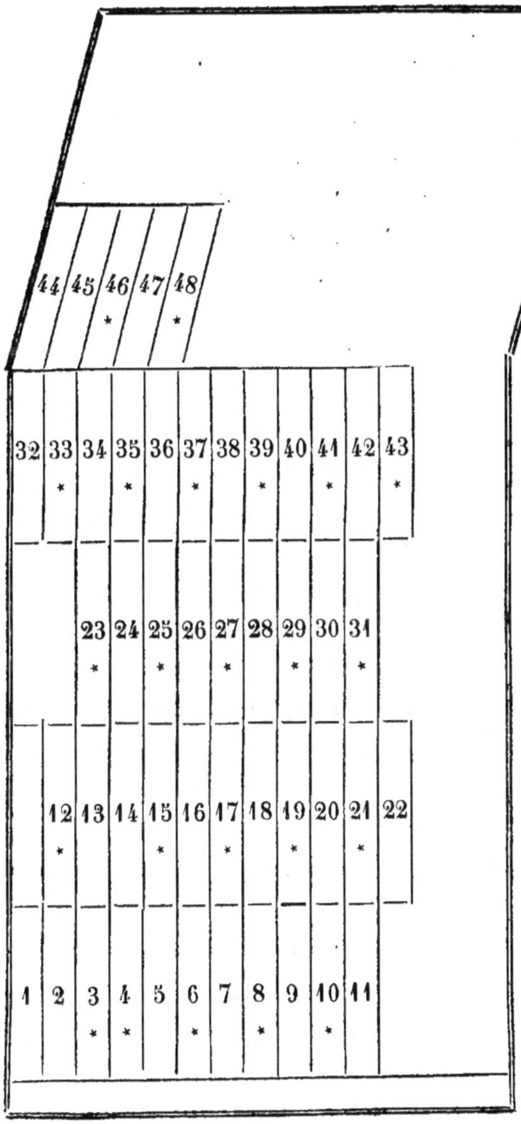

Carbonate de soude, les 100 kilo. 28 f. 13 c.
Carbonate de potasse,      id.   122   22
Nitrate de potasse,        id.    91   18
Sulfate de potasse,        id.   106   70
Sulfate de  soude,         id.    13   58
Sel ammoniac,              id.   164   90
Nitrate d'ammoniaque,      id.   252   20
Sel marin,                 id.    15   00
Plâtre cuit,               id.     5   00
Plâtre cru,                id.     2   50

Ces prix sont ceux auxquels les offre le commerce, au comptant.

Pour le sel, en particulier, j'ai admis qu'on l'obtenait franc de droits, ce qui arrive ordinairement lorsqu'on en fait la demande à l'administration pour des essais agricoles.

2° En ce qui concerne le prix des fourrages, nous avons admis les chiffres suivants :

Foin de la 1re coupe,      40 fr. les 750 k.
Foin de la 2e coupe,       25      id.
Foin de regain,            50      id.

Ces prix paraîtront élevés, si on les compare à ceux de la présente année (1849), mais nous avons cru devoir prendre la moyenne des prix d'un assez grand nombre d'années pour les sainfoins de bonne qualité, et le nôtre était dans ce dernier cas.

Ce qui nous a fait élever un peu le prix

du foin de la seconde coupe (1), c'est qu'il avait été fauché un peu avant la complète maturité de la graine, circonstance qui a dû en améliorer notablement la qualité, et exercer une influence sensible sur le rendement du regain.

Nous n'avons pas fait entrer la graine en ligne de compte dans nos résultats pour deux raisons principales : la première, c'est qu'en général les différences de rendement ne sont pas très-considérables ; la seconde, c'est qu'à raison de la petite quantité de graine produite par chaque parcelle, et des imperfections d'un pesage en plein vent, les erreurs peuvent former une fraction assez notable du résultat de la pesée.

Si maintenant nous cherchons à classer nos différentes substances salines d'après l'excédant total de *recette brute* qu'elles nous ont procuré, voici l'ordre dans lequel elles se succéderont :

|  |  | Dose par hectare. | Excédant de recette brute |
|---|---|---|---|
| 1 | Plâtre cru, | 266 k.67 | 192 f.07 |
| 2 | Sulfate de soude | 133  33 | 184  70 |
| 3 | Carbonate de potasse, | 33  33 | 145  60 |

(1) Le prix ordinaire du foin de la seconde coupe, quand on la laisse porter graine, est la moitié du prix du foin de la première coupe.

| | | | | | |
|---|---|---|---:|---:|---:|
| 4 | Nitrate de potasse, | | 33 k. 33 | 139 f. | 43 |
| 5 | Sulfate de soude, | | 66 68 | 136 | 23 |
| 6 | { Plâtre cuit. | 133 33 } | | 126 | 77 |
|   | { Sel. | 33 33 } | | | |
| 7 | Nitrate d'ammoniaque, | 16 | 67 | 124 | 59 |
| 8 | { Plâtre cuit, | 133 33 } | | 124 | 47 |
|   | { Sel, | 16 67 } | | | |
| 9 | Sulfate de potasse, | 33 | 33 | 94 | 93 |
| 10 | idem. | 16 | 67 | 70 | 77 |
| 11 | Sel ammoniac, | 33 | 33 | 70 | 40 |
| 12 | idem. | 16 | 67 | 69 | 79 |
| 13 | Plâtre cuit, | 266 | 67 | 68 | 53 |
| 14 | Nitrate de potasse, | 16 | 67 | 66 | 30 |
| 15 | Nitrate d'ammoniaque | 33 | 33 | 65 | 23 |
| 16 | Sel marin, | 33 | 33 | 57 | 63 |
| 17 | Carbonate de soude, | 133 | 33 | 45 | 33 |
| 18 | Carbonate de potasse, | 66 | 67 | 19 | 20 |
| 19 | Sel marin, | 133 | 33 | 6 | 87 |
| 20 | Carbonate de soude, | 66 | 67 perte | 1 | 27 |
| 21 | Sel marin, | 66 | 67 id. | 19 | 54 |

Si, maintenant, au lieu de considérer l'excédant de *recette brute*, nous considérons l'excédant de *recette nette*, l'ordre dans lequel se succéderont ces diverses substances ne sera plus le même, parceque le prix de revient présente, pour quelques-unes, d'énormes différences. Voici, du reste le nouvel ordre dans lequel nous pourrions alors les ranger, si l'on se basait uniquement sur les résultats dont la description fait l'objet de cette note.

| | | Dose par hectare. | | Excédant de bénéfice net. | |
|---|---|---|---|---|---|
| 1 | Plâtre cru, | 266 k. | 67 | 185 f. | 40 |
| 2 | Sulfate de soude, | 133 | 33 | 166 | 55 |
| 3 | Sulfate de soude, | 66 | 67 | 127 | 16 |
| 4 | { Plâtre cuit, | 133 | 33 | 115 | 30 |
| | { Sel, | 16 | 67 | | |
| 5 | { Plâtre cuit, | 133 | 33 | 115 | 10 |
| | { Sel, | 33 | 33 | | |
| 6 | Nitrate de potasse, | 33 | 33 | 109 | 03 |
| 7 | Carbonate de potasse, | 33 | 33 | 104 | 86 |
| 8 | Nitrate d'ammoniaque, | 16 | 67 | 82 | 55 |
| 9 | Sulfate de potasse, | 33 | 33 | 59 | 36 |
| 10 | Plâtre cuit, | 266 | 67 | 55 | 20 |
| 11 | Sulfate de potasse, | 16 | 67 | 52 | 98 |
| 12 | Sel marin, | 33 | 33 | 52 | 63 |
| 13 | Nitrate de potasse, | 16 | 67 | 50 | 10 |
| 14 | Sel ammoniac, | 33 | 33 | 15 | 49 |
| 15 | Carbonate de soude, | 133 | 33 | 6 | 84 |
| | | | | Perte. | |
| 16 | Sel marin, | 133 | 33 | 13 | 13 |
| 17 | Nitrate d'ammoniaque, | 33 | 33 | 18 | 85 |
| 18 | Carbonate de soude, | 66 | 67 | 20 | 52 |
| 19 | Sel marin, | 66 | 67 | 29 | 54 |
| 20 | Sel ammoniac, | 66 | 67 | 40 | 03 |
| 21 | Carbonate de potasse, | 66 | 67 | 62 | 28 |

Nous n'avons pu faire figurer, dans tous nos tableaux, l'ensemble complet des résultats obtenus dans les parcelles n° 46 et n° 48, dans lesquelles on avait répandu des mélanges à proportions différentes de plâtre cru et de sel, parce qu'un malentendu ne nous a pas permis d'en peser la première coupe, d'une apparence fort belle, qui l'eût certainement placé à côté de celles qui avaient végété sous l'influence du sulfate de soude et du plâtre cru.

En comparant les deux tableaux qui précèdent, nous voyons qu'il est plusieurs de ces substances dont l'emploi usuel serait ou peu avantageux, ou même plus ou moins onéreux, bien qu'elles procurent un accroissement assez considérable dans la récolte, parce que cet accroissement de récolte n'est acquis qu'au prix de trop grands sacrifices; tel est en particulier le cas du sel ammoniac.

Il en est d'autres qui, comme le carbonate de soude, ne paraissent pas produire d'effet utile bien prononcé, du moins dans les circonstances où nous nous sommes placés.

On peut voir également que le sel marin, employé seul, depuis la dose de 33 k. jusqu'à celle de 133 k. par hectare, est bien loin d'occuper un rang qui nous engage à en re-

commander vivement l'emploi sur le sainfoin. Produirait-il de meilleurs résultats dans
d'autres circonstances que celles dans lesquelles ont été faits nos essais, ou employé
à des doses différentes de celles que nous
avons adoptées ?

L'expérience seule pourrait nous l'apprendre.

Lorsqu'au lieu d'employer le sel marin seul,
on l'associe au plâtre cuit ou cru, dans cer-
taines proportions, on voit que l'on peut
remplacer avec avantage, surtout pour les
premières coupes, la moitié du plâtre par le
1/8 ou par le 1/4 de son poids de sel. Seu-
lement, il semble que cet avantage tende à se
transformer en perte, à la troisième coupe,
à mesure que la dose de sel augmente, et
cette remarque est aussi applicable au sel
employé seul.

Le carbonate de potasse paraît être dans le
même cas.

On pourrait tirer encore des nombres ins-
crits dans le tableau de nos résultats d'autres
conséquences, mais elles me paraîtraient pré-
maturées.

En résumé, de toutes les substances que
nous avons employées dans ces essais, le
plâtre et le sulfate de soude paraissent être
celles qui réunissent, au plus haut degré, la

faculté d'activer la végétation du sainfoin, et fort heureusement, ce sont précisément celles que l'on peut se procurer au plus bas prix.

*Le sulfate de soude paraît supérieur au plâtre cuit, bien qu'employé à dose moitié moindre.*

*Le plâtre cru paraît également produire de meilleurs résultats que le plâtre cuit, à poids égal.*

De nouvelles expériences pourront décider si la préférence doit être accordée au plâtre cru ou au sulfate de soude, et quelles sont les proportions de cette dernière substance dont l'emploi produirait le meilleur effet possible.

Enfin, l'expérience seule pourra faire la part d'influence que peuvent avoir sur les résultats les diverses circonstances qui dépendent du climat et de la nature du terrain ; elle seule aussi pourra nous renseigner sur l'influence comparative que ces deux substances exerceront sur les récoltes subséquentes de la prairie artificielle, et sur celles des cultures qui viendront ensuite la remplacer.

Caen.—Imp. E. Poisson.

## Nº 2. Tableau synoptique des résultats exprimant l'influence de diverses substances salines sur le rendement du Sainfoin,

### PAR ISIDORE PIERRE.

(Le signe (—), placé devant plusieurs des résultats, signifie un déficit ou une perte.)

| DÉSIGNATION des parcelles. | NATURE de la SUBSTANCE EMPLOYÉE | DOSE DE LA MATIÈRE SALINE EMPLOYÉE | | DÉPENSE par hectare. | OBSERVATIONS (faites sur pied, à simple vue, au moment du fauchage de la première coupe.) | 1re COUPE | | OBSERVATIONS (faites sur place, à simple vue, au moment du fauchage de la seconde coupe.) | 2e COUPE | | | OBSERVATIONS (faites sur place, à simple vue, au moment du fauchage du regain.) | 3e COUPE | | EXCÉDANT DE RÉCOLTE DÛ À LA MATIÈRE SALINE, PAR HECTARE | | | Excédant total de récolte | EXCÉDANT EN RECETTE DÛ À LA PAR HECTARE | | | Excédant total de recette | BALANCE |
|---|---|---|---|---|---|---|---|---|---|---|---|---|---|---|---|---|---|---|---|---|---|---|---|
| | | par parcelle | par hectare | | | Poids du fourrage vert par hectare | Poids du sainfoin sec par hectare | | Poids du fourrage vert par hectare | Poids à l'état sec par hectare | du poids de la graine | | Poids du regain vert par hectare | Poids du regain sec par hectare | 1re Coupe | 2e Coupe | Regain | | 1re Coupe | 2e Coupe | Regain | | |
| 1 | Rien. | | | | | | | | | | | | | | | | | | | | | | |
| 2 | Rien. | | | | | | | | | | | | | | | | | | | | | | |
| 3 | Carbonate de soude | 1000 | 133 | [illegible] | [illegible] | 34067 | 11540 | | 13007 | 4167 | 371 | | 1167 | 1163 | 730 | [illegible] | [illegible] | 833 | [illegible] | [illegible] | [illegible] | [illegible] | [illegible] |
| 4 | Id | 500 | 66 | [illegible] | [illegible] | 39600 | 10725 | [illegible] | 11733 | 3867 | 569 | | 1367 | 1176 | [illegible] | —800 | [illegible] | 135 | [illegible] | [illegible] | [illegible] | [illegible] | [illegible] |
| 5 | Rien | | | | | 39667 | 10730 | Très venteux | 15067 | 4167 | 700 | | 3067 | 1079 | [illegible] | [illegible] | [illegible] | 141 | [illegible] | [illegible] | [illegible] | [illegible] | [illegible] |
| 6 | Carbonate de potasse | 500 | 66 | [illegible] | [illegible] | 39733 | 11150 | [illegible] | 15467 | 4233 | 700 | | 3631 | 1011 | [illegible] | [illegible] | [illegible] | [illegible] | [illegible] | [illegible] | [illegible] | [illegible] | [illegible] |
| 7 | Rien | | | | | | | | | | | | | | | | | | | | | | |
| 8 | Carbonate de potasse | 250 | 33 | [illegible] | [illegible] | 31000 | 12730 | [illegible] | 11500 | 4073 | 633 | | 3100 | 919 | 2100 | 300 | [illegible] | 1878 | [illegible] | [illegible] | [illegible] | [illegible] | [illegible] |
| 9 | Rien. | | | | | 40800 | 10740 | | 13067 | 3767 | 600 | | | | | | | | | | | | |
| 10 | Sulfate de soude | 1000 | 66 | [illegible] | [illegible] | 34067 | 12363 | | 13400 | 3867 | 560 | | 1300 | 1172 | 2313 | 300 | [illegible] | 3500 | [illegible] | [illegible] | [illegible] | [illegible] | [illegible] |
| 11 | Rien. | | | | | | | | | | | | | | | | | | | | | | |
| 12 | Sulfate de soude | 1000 | 133 | [illegible] | [illegible] | 30333 | 11375 | [illegible] | 15067 | 4300 | 669 | | 3067 | 1336 | 3573 | 1067 | [illegible] | 3619 | [illegible] | [illegible] | [illegible] | [illegible] | [illegible] |
| 13 | Rien. | | | | | 24167 | 8809 | | 12733 | 3433 | 609 | | | | | | | | | | | | |
| 14 | Rien. | | | | | | | | | | | | | | | | | | | | | | |
| 15 | Nitrate de potasse | 125 | 16 | [illegible] | [illegible] | 37167 | 10300 | | 12800 | 3633 | 767 | | 3067 | 808 | 1100 | 133 | [illegible] | 1905 | [illegible] | [illegible] | [illegible] | [illegible] | [illegible] |
| 16 | Rien | | | | | 24533 | 9340 | | 11867 | 3700 | 600 | | | | | | | | | | | | |
| 17 | Nitrate de potasse | 250 | 33 | [illegible] | [illegible] | 40733 | 11545 | | 14000 | 4073 | 573 | | 3167 | 965 | 525 | 375 | [illegible] | 2711 | [illegible] | [illegible] | [illegible] | [illegible] | [illegible] |
| 18 | Rien | | | | | | | | | | | | 3300 | 861 | | | | | | | | | |
| 19 | Sulfate de potasse | 125 | 16 | [illegible] | [illegible] | 37400 | 10875 | | 14067 | 3800 | 615 | | 1067 | 1129 | 1073 | —133 | 288 | 1810 | [illegible] | [illegible] | [illegible] | [illegible] | [illegible] |
| 20 | Rien. | | | | | | | | | | | | | | | | | | | | | | |
| 21 | Sulfate de potasse | 250 | 33 | [illegible] | [illegible] | 33400 | 11920 | | 12867 | 3800 | 770 | | 3345 | 925 | 1925 | —200 | 81 | 1091 | [illegible] | [illegible] | [illegible] | [illegible] | [illegible] |
| 22 | Rien. | | | | | | | | | | | | | | | | | | | | | | |
| 23 | Sel ammoniac. | 250 | 33 | [illegible] | [illegible] | 35100 | 9580 | | 12133 | 3833 | 767 | | 3835 | 1395 | 345 | 609 | 496 | 1481 | [illegible] | [illegible] | [illegible] | [illegible] | [illegible] |
| 24 | Rien | | | | | | | | | | | | | | | | | | | | | | |
| 25 | Sel ammoniac. | 500 | 66 | [illegible] | [illegible] | 42600 | 10360 | | 11433 | 3700 | 533 | | 3778 | 985 | 1130 | 87 | 87 | 1301 | [illegible] | [illegible] | [illegible] | [illegible] | [illegible] |
| 26 | Rien | | | | | 24533 | 9200 | | 11933 | 3033 | 560 | | | | | | | | | | | | |
| 27 | Nitrate d'ammoniaque. | 125 | 16 | [illegible] | [illegible] | 39900 | 11170 | | 13067 | 4033 | 772 | | 4079 | 985 | 1973 | 100 | 89 | 2464 | [illegible] | [illegible] | [illegible] | [illegible] | [illegible] |
| 28 | Rien. | | | | | | | | | | | | 3444 | 899 | | | | | | | | | |
| 29 | Nitrate d'ammoniaque. | 250 | 33 | [illegible] | [illegible] | 37133 | 10250 | | 10867 | 4033 | 628 | | 4345 | 1061 | 885 | 333 | [illegible] | 1340 | [illegible] | [illegible] | [illegible] | [illegible] | [illegible] |
| 30 | Rien. | | | | | 24133 | 9125 | | 10533 | 3700 | 630 | | | | | | | | | | | | |
| 31 | Sel marin. | 250 | 33 | [illegible] | [illegible] | 37600 | 10350 | | 11233 | 3633 | 638 | | 3179 | 830 | 925 | 133 | [illegible] | 1116 | [illegible] | [illegible] | [illegible] | [illegible] | [illegible] |
| 32 | Rien | | | | | | | | | | | | | | | | | | | | | | |
| 33 | Sel marin. | 500 | 66 | [illegible] | [illegible] | 39133 | 10925 | | 11010 | 3633 | 633 | | 3814 | 838 | 45 | —200 | [illegible] | —388 | [illegible] | [illegible] | [illegible] | [illegible] | [illegible] |
| 34 | Rien | | | | | 37067 | 10900 | | 10333 | 3833 | 561 | | | | | | | | | | | | |
| 35 | Sel marin | 1000 | 133 | [illegible] | [illegible] | 30467 | 11375 | | 10333 | 4033 | 706 | | 3415 | 881 | 370 | 300 | [illegible] | 978 | [illegible] | [illegible] | [illegible] | [illegible] | [illegible] |
| 36 | Rien | | | | | | | | | | | | | | | | | | | | | | |
| 37 | Plâtre cuit. | 250 | 266 | [illegible] | [illegible] | 31133 | 10755 | | 13067 | 4075 | 767 | | 5091 | 1329 | 775 | 412 | 208 | 1305 | [illegible] | [illegible] | [illegible] | [illegible] | [illegible] |
| 38 | Rien. | | | | | | | | | | | | 3344 | 1034 | | | | | | | | | |
| 39 | Plâtre cuit. / Sel. | 125 | 16 | [illegible] | [illegible] | 34900 | 11925 | | 13067 | 4033 | 828 | | 3619 | 1118 | 1780 | 800 | 67 | 2017 | [illegible] | [illegible] | [illegible] | [illegible] | [illegible] |
| 40 | Rien. | | | | | 37133 | 10175 | | 14533 | 3833 | 640 | | | | | | | | | | | | |
| 41 | Plâtre cuit / Sel | 1000 | 133 | [illegible] | [illegible] | 33100 | 10625 | | 13600 | 4300 | 640 | | 3879 | 939 | 2550 | 167 | [illegible] | 2605 | [illegible] | [illegible] | [illegible] | [illegible] | [illegible] |
| 42 | Rien | | | | | | | | | | | | | | | | | | | | | | |
| 43 | Plâtre cru | 2000 | 266 | [illegible] | [illegible] | 31167 | 12825 | | 11133 | 1767 | 707 | | 5398 | 1165 | 2730 | 931 | 211 | 3828 | [illegible] | [illegible] | [illegible] | [illegible] | [illegible] |
| 44 | Rien | | | | | | | | | | | | | | | | | | | | | | |
| 45 | Rien. | | | | | | | | | | | | | | | | | | | | | | |
| 46 | Plâtre cru / Sel | 1000 / 125 | 133 / 16 | [illegible] | [illegible] | | | | 12100 | 1133 | 495 | | 3788 | 1039 | | 800 | 8 | | [illegible] | [illegible] | [illegible] | [illegible] | [illegible] |
| 47 | Rien | | | | | | | | 10400 | 3567 | 646 | | | | | | | | | | | | |
| 48 | Plâtre cru / Sel | 1000 | 133 | [illegible] | [illegible] | | | | 12000 | 4767 | 568 | | 3615 | 973 | | 1800 | —138 | | [illegible] | [illegible] | [illegible] | [illegible] | [illegible] |